OVEJAS
ANIMALES DE GRANJA

Lynn M. Stone

Versión en español de Aída E. Marcuse

Rourke Enterprises, Inc.
Vero Beach, Florida 32964

© 1991 Rourke Enterprises, Inc.

All rights reserved. No part of this book may be reproduced or utilized in any form or by any means, electronic or mechanical including photocopying, recording or by any information storage and retrieval system without permission in writing from the publisher.

FOTOS
Todas las fotografías pertenecen a la autora del libro.

LIBRARY OF CONGRESS
Library of Congress Cataloging-in-Publication Data
Stone, Lynn M.
[Ovejas. Español]
    Ovejas / por Lynn M. Stone; versión en español de Aída E. Marcuse
      p. cm. — (Biblioteca Descubrimiento — Animales de Granja)
    Traducción de: Sheep.
    Incluye un índice.
    Resumen: Describe las características físicas, las costumbres y el medio ambiente natural de las ovejas y sus relaciones con los seres humanos.
    ISBN 0-865920915-7
    1. Ovejas—Literatura juvenil. [1. Ovejas. 2. Materiales en idioma español.]
I. Título. II. Series: Stone, Lynn M.
Biblioteca Descubrimiento — Animales de Granja.
SF 375.2.S7618   1991
636.3—dc20   91-20692
                      CIP
                      AC

```
CN  JP
J
SF375.2
.S7618
1991
```

ÍNDICE

Ovejas	5
Como son los ovejas	6
Donde viven los ovejas	9
Distintas razas de ovejas	11
Ovejas salvajes	14
Los corderitos	16
Como se crían las ovejas	19
Que hacen las ovejas	20
Los usos de las ovejas	22
Glosario	23
Índice alfabético	24

OVEJAS

La lanuda oveja *(ovis aries)* es uno de los animales más conocidos del mundo. La gente empezó a **domesticar** ovejas hace 10.000 años.

Los primeras ovejas domésticas vinieron a los Estados Unidos con los colonos europeos, hacia el año 1500.

Los machos adultos, llamados **carneros,** son frecuentemente considerados símbolos de fuerza y poder. Los hijos de las ovejas, o **corderos,** son símbolos de amor y mansedumbre.

Los granjeros crían ovejas por su carne y su lana, o **vellón.**

Las ovejas son parientes de las cabras, pero éstas tienen cuerpos delgados, barbas y glándulas de olor.

Esquilando una oveja

COMO SON LAS OVEJAS

Las ovejas son animales rechonchos, de talla mediana, con dos dedos fuertes en cada pie, o pezuñas. Cuando sus mantos de lana están más tupidos, las ovejas parecen ser mucho más grandes de lo que son.

Las hembras, llamadas **ovejas,** pesan entre 100 y 225 libras. Los carneros pesan entre 150 y 350 libras.

En algunas razas, tanto las ovejas como los carneros tienen cuernos.

La mayoría de las ovejas tienen mantos de lana blanca o casi blanca. En algunas razas, éstos son grises, marrones o moteados.

Ovejas merino

DONDE VIVEN LAS OVEJAS

Las ovejas domésticas viven en casi todo el mundo: son criadas desde Islandia hasta Australia. Las que viven en las islas Falkland están casi en la Antártica, el continente helado.

Los grandes **rebaños** de ovejas necesitan amplios campos de pastoreo. Los diez estados de los Estados Unidos que son los mayores productores de ovejas están al oeste del río Mississippí. Tejas es el que tiene mayor cantidad de ellas: casi dos millones.

El país que produce más ovejas en el mundo es Australia: ¡casi 160 millones!

Ovejas en Yorkshire, Inglaterra

DISTINTAS RAZAS DE OVEJAS

Las actuales ovejas domésticas son descendientes de las ovejas salvajes que fueron sus antepasados. La mayoría provienen del argalí y el muflón salvajes.

Aunque hay unas 800 clases o **razas** distintas de ovejas, todas son básicamente el mismo animal. Las diferencias están en el tamaño, los cuernos y el tipo de lana que tienen.

Algunas razas se crían especialmente para carne y otras son más importantes por su lana.

Las ovejas Merino, por ejemplo, se crían por su excelente y tupida lana blanca.

Carneros Orkney, en Inglaterra

Carnero Merino

Carneros Merino esquilados

OVEJAS SALVAJES

Las ovejas domésticas tienen varios parientes cercanos salvajes. El argalí, la oveja de las nieves y el muflón asiático, viven en Asia. En Eruopa hay otro muflón. El **carnero de las Montañas Rocosas** y la oveja Dall, son de Norteamérica.

La oveja blanca Dall habita las montañas de Alaska y el oeste canadiense. Los carneros de las Montañas Rocosas; las montañas y desiertos del oeste norteamericano.

Miles de estos carneros murieron a causa de enfermedades transmitidas por las ovejas domésticas llevadas al oeste.

Gran carnero de las Montañas Rocosas, en Montana

LOS CORDERITOS

Las ovejas generalmente tienen un corderito, aunque gemelos también son comunes. Algunas veces nacen trillizos.

Al nacer, los corderos pesan entre cuatro y diez y ocho libras. Los machos son más grandes que las hembras y, en algunas razas, mucho más corpulentos. Un cordero pesa en promedio nueve libras.

El corderito mama la leche de su madre durante tres a cinco meses. Pueden hacer mucho ruido al llamar frecuentemente: "¡baaaah!¡baaaaah!"

Las ovejas viven siete u ocho años y, excepcionalmente, llegan a los 20.

Una oveja y su corderito

COMO SE CRÍAN LAS OVEJAS

En ciertas granjas de Norteamérica, se crían algunas ovejas que pastan en pastoreos cercados durante los meses de verano, además de comer granos y forraje. Estas ovejas duermen en corrales o cobertizos.

Pero en los estados del oeste, las ovejas son criadas al campo raso. En comarcas secas y montañosas, son apacentados rebaños de cientos de ovejas.

Los perros ovejeros ayudan a cuidar los rebaños y los protegen de los coyotes mientras las ovejas pastan dispersas en muchas millas a la redonda.

Ovejas pastando

QUE HACEN LAS OVEJAS

Las ovejas domésticas son tímidas y mansas, se asustan fácilmente y permanecen todas juntas en el rebaño. Si una oveja hace algo, aunque sea una locura, todas la imitan.

Los carneros son mucho más agresivos y tratan de topetear a cualquiera que entre en su lugar de pastoreo.

Las ovejas pasan el día pastando y descansando. Como las vacas, son **rumiantes,** es decir, mastican y tragan varias veces la misma comida. Simplemente: se llevan de vuelta a la boca la comida que habían tragado, para volverla a masticar.

Oveja Merino

LOS USOS DE LAS OVEJAS

En los Estados Unidos, las ovejas se crían por su carne y por su lana.

La lana es **esquilada**—afeitada—anualmente con afeitadoras eléctricas, como se corta el pelo.

Las ovejas se esquilan en verano, cuando no necesitan su pesado abrigo.

Después, por supuesto, a las ovejas les crece un abrigo nuevo. Entretanto, la lana se lava, tiñe y se usa para hacer ropa.

Las ovejas East Fresian, de Alemania, dan una leche cremosa, rica en proteínas. Las ovejas Roquefort, de Francia, producen la leche que se usa para hacer queso Roquefort.

GLOSARIO

carnero (car-ne-ro) — macho de la especie

carnero de las Montañas Rocosas (car-ne-ro de las Mon-ta-ñas Ro-co-sas) — una oveja salvaje de grandes cuernos, originaria del oeste de Norteamérica

cordero (cor-de-ro) — hijo de la oveja

doméstico (do-més-ti-co) — criado y amansado por el hombre

esquilar (es-qui-lar) — sacarle la lana a una oveja

oveja (o-ve-ja) — hembra de la especie

razas (ra-zas) — grupo de animales emparentados entre sí, producidos por el hombre; una clase de oveja doméstica

rebaño (re-ba-ño) — grupo de ovejas

rumiar (ru-miar) — volver a la boca y masticar otra vez la comida que ya había sido tragada

vellón (ve-llón) la lana suave y peluda que recubre a la mayoría de las ovejas

ÍNDICE ALFABÉTICO

alimento 19
cabras 5
carnero 5, 6, 20
carnero de las
   Montañas Rocosas 14
color 6
corderitos 5, 16
cuernos 6
domesticar 5
edad 16
Estados Unidos,
   llegada a los 5
Islandia 9
lana 5, 6, 14, 22
leche 16, 22

muflón 11, 14
ovejas 6, 10, 16
ovejas Dall 14
ovejas Merino 11
ovejas salvajes 11
peso 6, 16
pies 5
queso 22
razas 11
rumiar 20
tamaño 6, 16
usos de 22
voz 16

SEP 1999